家装潮流

欧式雅致家

编著：叶斌

配文：林皎皎 黄章值 文灿

U0227202

海峡出版发行集团
THE STRAITS PUBLISHING & DISTRIBUTING GROUP | 福建科学技术出版社
FUJIAN SCIENCE & TECHNOLOGY PUBLISHING HOUSE

001 ▶ 几何的极致表现

餐厅地面用各色花纹的大理石和玻化砖拼贴出复杂的几何图案，欧式的奢华以几何的形式得到了极致的表现。

002 ▶ 大气彰显奢华

大尺度的家具，大面积的瓷砖，大幅面的装饰壁纸，整个空间无处不彰显着大气的奢华。

003 ▶ 沙漠中的绿洲

浴室用黄色系的瓷砖和大理石渲染干燥的沙漠气氛，浴缸中一池碧水恰似沙漠中的绿洲，给使用者带来非凡的体验。

004 ▶ 雍容华贵的欧式奢华

卧室背景墙中间饰以带纽钉的皮革软包，两侧用曲线图案的壁纸，加上圆滑的床屏，处处都显露雍容华贵的欧式奢华。

001

002

003

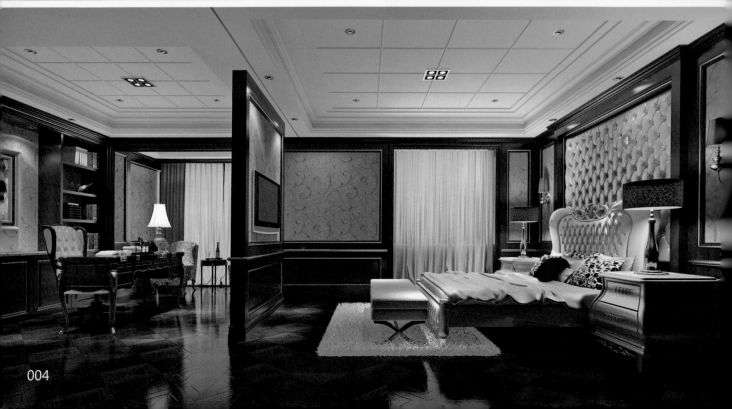

005

006

005 》》绚烂夺目的奢华

电视背景墙贴质感光滑的银箔壁纸，搭配金属底座的电视柜和花瓶，处处流光溢彩，显露出绚烂夺目的奢华。

006 》》头枕繁花的梦乡

卧室背景墙的装饰极为简洁，整面都用壁纸满铺，却简中有繁，壁纸的图案如繁花般枕在主人的梦乡里。

007 》》凝神养心之地

黑檀木的金刚板，黑铁木饰面板的门和书柜，搭配图案简单的壁纸，营造出自然宁静的书房空间。

007

008

009

010

008 》》 沉稳而不失灵动
沙发背景墙用波纹板做出方框装饰，十分大气和稳重，内贴花草图案的壁纸和装饰画，使空间沉稳而不失灵动。

009 》》 "圆"梦的卧室空间
本案卧室空间摆放了圆形的大床，背景墙处理成弧形，圆形的吊顶与之呼应，整个空间的线条圆润流畅。

010 》》 如皮革般精致的生活品位
电视背景墙整面用褐色的皮革做软包，与咖啡色的电视柜和皮革沙发相呼应，表现出一种如皮革般精致的生活品位。

① 中花白大理石　② 雕花银镜　③ 褐色皮革　④ 红榆木金刚板　⑤ 石膏板　⑥ 绒面软包　⑦ 皮革软包

011

012

013

011 ≫ 自然的气息

红榆木的地板铺在卧室再合适不过，搭配羊毛簇绒地毯，卧室中一下就充满了自然的气息，让人安静平和。

012 ≫ 亦真亦假的自然韵味

电视背景墙软包和两侧的磨砂玻璃上的花草图案与摆放的植物摆件虚实相称，造就亦真亦假的自然韵味。

013 ≫ 无限延伸的美梦空间

墙面和地面装饰线条都向两边平展，能让人心境平和，安然进入甜美的梦乡。

014 ≫ 与奢华相称的矩阵

电视背景墙只用简单的矩形装饰，但在矩形的边框做拉槽工艺，并大量重复，使简单的矩形也能与奢华的家具相称。

015

016

017

015 ≫ 沙发背景墙上的一扇窗
沙发背景墙的设计别具一格，采用屏风的形式，中间嵌银镜，犹如沙发背景墙上的一扇窗户，使空间意境无限延伸。

016 ≫ 会发光的客厅
空间整体用质感较强的材料，加上主要光源和装饰灯的配合，整个客厅像会发光一样引人瞩目。

017 ≫ 古典欧式色彩的传承
空间用色传承自古典欧式的白与黄，在具体运用中稍加变化，使现代空间焕发古典韵味。

018 ≫ 大量重复的形式美感
电视背景墙用泰柚木做出凹凸造型装饰，并大量地重复，形成一种重复的形式美感。

018

主要装饰材料

❶ 银镜　❷ 波纹板　❸ 绒面软包　❹ 泰柚木　❺ 瓷砖马赛克　❻ 磨砂雕花玻璃　❼ 米黄色仿古砖

019

019 ≫ 繁花似锦
沙发背景墙饰以黄色花草纹壁纸，两边也以雕花草图案的茶镜装饰，整面墙一片繁花似锦般的景象。

020 ≫ 渗透着自然的气息
蜂窝状的茶镜、卷草纹的磨砂雕花玻璃、如草地般的簇绒地毯，大量自然元素的应用使空间渗透出自然的气息。

021 ≫ 功能性与装饰性的搭配
敞开式的餐厅，实用性的柜体丰富墙面，以银镜为底，更使得空间开阔许多。

020

021

①

022

②

023

022 » **中国传统文化的设计理念**

作为一个餐厅空间，就餐区圆形的设计和四周方形的装饰，饱含着"天圆地方"的设计理念。

023 » **亮与暗的对比之美**

电视背景墙的两侧是明亮的窗户，与之相对，床铺背景墙两侧就用了深色的铁刀木饰面板，一亮一暗形成对比的美感。

024 » **不羁性情**

电视背景墙的矩形装饰板整齐有序，沙发背景墙的装饰画却十分随意，两种不同的排列，对比中显露出主人的不羁性情。

③

024

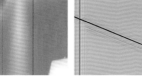

025

026

027

028

025 ▶▶ 淡雅而不显轻浮

空间色调整体较为淡雅，只在电视背景墙和沙发背景墙等局部用了深色，使空间氛围淡雅而又不会显得轻浮。

026 ▶▶ 朴实无华的静谧

空间墙面几乎没有任何的装饰，只用壁纸铺贴，朴实无华，给卧室营造出一种静谧的感觉。

027 ▶▶ 线条协调空间比例

作为卧室空间，本案层高略偏高，所以在地面和电视背景墙用了大量的水平线条，在视觉上实现了空间比例的协调。

028 ▶▶ 线条演绎的欧式奢华

放眼望去，空间中直线元素应用得十分广泛，简单的直线通过疏密与材质的变化，也能演绎欧式的奢华。

029 ▶▶ **独具个性的大胆创新**
壁纸从墙面延伸到天花,同样的材质在不同墙面的使用,
设计师大胆的创新使空间风格独具个性。

030 ▶▶ **硬朗严谨**
卧室背景墙用矩形的仿古砖和银镜做造型,线条硬朗简
洁,搭配冷色的灯光,表现出一种严谨的生活作风。

031 ▶▶ **突出空间功能属性**
吊顶的圆形处理有突出空间功能属性的作用,圆形可看作
是点,具有视觉中心的效果。

032 ▶▶ **线条和块面分割的艺术**
电视背景墙仿照砖墙的样式并加以变化,形成的线条错落
有致,块面分割大小协调。

主要装饰材料

❶ 泰柚木饰面板　　❷ 灰色仿古砖　　❸ 花纹壁纸　　❹ 绒面软包　　❺ 爵士白大理石　　❻ 玫瑰木金刚板　　❼ 米黄大理石

033

034

035

033 ▶▶ 脚踏实地的稳重感

整个空间的用色十分淡雅，地面用深色的黑檀木金刚板大面积铺贴，给人一种脚踏实地的稳重感。

034 ▶▶ 柔软温馨

卧室背景墙用了大面积的布艺和皮革软包，地面也采用玫瑰木金刚板，使空间氛围十分的柔软温馨。

035 ▶▶ 画里有画

电视背景墙由内而外用瓷砖、不锈钢装饰边条、壁纸、实木线条层层装饰，形成画里有画的艺术效果。

036

037

038

039

036 》》 **柔美的曲线装饰**
双层高的客厅，曲线的楼梯和护栏占了较大的比重，因此吊顶也使用曲线元素装饰，使空间整体协调。

037 》》 **重复与渐变之美**
客厅电视背景墙用米黄大理石做整面的矩形造型，在大空间中重复产生视觉渐变，形成特有的形式美感。

038 》》 **精心设计的块面分割**
沙发背景墙做"L"形的切割，把墙面分割成大小不一的几个块面，加上深浅色的对比，形成独特的装饰效果。

039 》》 **镜面的独特效果**
卧室的空间相对较小，背景墙两侧的灰镜，除了具有装饰空间的作用外，还有着延伸空间的效果。

主要装饰材料

  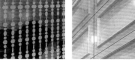

❶ 水晶珠帘　❷ 米黄大理石　❸ 黑胡桃木饰面板　❹ 灰镜　❺ 米黄色仿古砖　❻ 绒面软包　❼ 茶镜

040

041

040 》 浪漫的就餐环境

圆形的吊顶和巨大的水晶灯为就餐空间创造出浪漫的氛围。

042 》 茶镜的多重装饰

沙发背景墙两侧用深色的茶镜拼贴出矩形的装饰，增强了空间的延伸感。

041 》 线条支起的空间

水平线条的地板延展空间宽度感，垂直线条的布艺软包拉起空间高度感，空间区划明显、层次分明。

42

043 ≫ **别具匠心的瓷砖铺贴**

电视背景墙的大理石拼贴别具匠心，通过石材大小的变化，拼贴出线条的疏密和面积的大小对比。

044 ≫ **虚实相应的协调美**

卧室背景墙两侧用茶镜作装饰，茶镜上覆以木栅格，与电视背景墙的格栅一虚一实遥相呼应，产生虚与实的协调美。

045 ≫ **色调的中和**

紫色绒面软包调和了黄色的卧室空间，温馨中更增添了一丝静谧。

046 ≫ **几何手法的装饰**

沙发背景墙用整齐的线条划分等分的块面，块面正中心用纽钉装饰，严谨的几何手法产生了独特的装饰效果。

047

048

047 》 历史的厚重感
　　空间运用了大面积的文化砖，粗糙的肌理在
室内的使用，使空间有了历史的厚重感。

048 》 若隐若现的中式韵味
　　地面用偏红的黑檀木地板，搭配家具与背景
墙上的深红色，为空间营造出若隐若现的中
式韵味。

049 》 古典文化的传承与发展
　　电视背景墙仿照欧式壁炉和柱
式的形态，使现代空间中蕴含
对古典文化的传承与发展。

050

051

050 ≫ 装饰元素的协调美
沙发背景墙两侧墙面用马赛克装饰,与餐厅酒柜的装饰相呼应,空间整体的装饰元素产生协调感。

051 ≫ 遍地繁花的自然意境
客厅地面所用的仿古砖别具一格,满是花草的图案,与簇绒地毯相配合,空间中充满了自然的气息。

052 ≫ 浓厚的中式气息
电视背景墙大面积的铁刀木饰面板为空间奠定了中式的基调,搭配扇形的装饰画与中式家具,空间充满了浓厚的中式气息。

053 ≫ 宁静的感官体验
房间地面铺地毯,与电视背景墙和床铺背景墙的布艺软包搭配,给人一种宁静自然的感官体验。

052

053

❶ 仿古砖　　❷ 石膏板　　❸ 铁刀木饰面板　　❹ 布艺软包　　❺ 花纹壁纸　　❻ 泰柚木金刚板　　❼ 雕花石膏板

054 》 空间装饰与家具风格统一

卧室背景墙使用欧式传统软包的手法，使空间的装饰与家具的风格相统一，共同营造奢华的欧式风格。

055 》 简洁大气

电视背景墙的装饰十分简洁，整个墙面用衣柜一字排开，只靠柜门作装饰，不失为一种简洁而大气的装饰手法。

056 》 奢华的空间情调

客厅吊顶上做了大量的花朵造型，餐厅的隔断上也贴满了卷草纹图案，繁花似锦的意象衬托出空间奢华的情调。

057

058

057 ≫ 自然的韵味

地面用杉木金刚板铺贴，杉木特有的节子搭配素雅的色彩处理，使空间充满了自然的韵味。

058 ≫ 灵动的空间感觉

沙发背景墙瓷砖的铺贴别具一格，十分具有艺术性；搭配上看似随意的装饰组画，给人一种灵动的空间感觉。

059 ≫ 虚实相应的柱子处理

空间中存在一根巨大的柱子，设计师在做柱面装饰的同时，用椭圆形的帘子与之呼应，一虚一实中削弱柱子本身的体量感和突兀感。

059

① 杉木金刚板　 ② 雕花艺术玻璃　 ③ 米黄大理石　 ④ 花纹壁纸　 ⑤ 车边银镜　 ⑥ 红砖　 ⑦ 皮革软包

060

060 ≫ 简洁而不显平淡
电视背景墙整面用壁纸铺贴，十分的简洁，但亚光的质感和内部的花纹又使空间不至于太过平淡。

061 ≫ 高端的奢华气氛
电视背景墙用皮革做软包，搭配两侧的银镜装饰，在材质上和色彩上都有一种高端的奢华气质。

062 ≫ 记忆中的年代
作为一个休闲、娱乐、健身场所，墙面用红砖铺砌，既有粗线条的随意，又能让人勾起记忆中那个年代的情愫。

063 ≫ 和谐铸就美好
卧室背景墙的软包和床屏采用相同的材质和形式，如出一辙的造型产生一种和谐的效果。

061

063

064 ≫ 水面下的空间
天花做了蜂窝状造型的装饰处理，像是波光粼粼的水面，给空间营造了在水中的独特感觉。

065 ≫ 简繁有序
大小米色洞石铺贴整面电视背景墙，大气而简洁，与满贴壁纸的沙发背景墙形成对比，使得空间简繁有序。

066 ≫ 典型的中式风格
空间从用色到装饰元素的选用和造型的手法，都带着鲜明的中式特色，是一个典型的中式风格。

067 ≫ 相似与相异的协调感
电视背景墙和沙发背景墙的线条感觉十分相似，一个凹凸有致，一个平整无华，二者产生相似与相异的协调感。

❶ 浅啡网纹大理石　❷ 米色洞石　❸ 红樱桃木金刚板　❹ 条纹大理石　❺ 中式花格　❻ 茶镜　❼ 中花白大理石

068 》》 现代中式气息

电视背景墙的中国古典纹样，窗户上的祥云图案，中式的家具，空间中飘荡着现代中式的气息。

069 》》 现代感十足的空间气氛

空间在墙面和吊顶中多次使用了茶镜，搭配金属支架的家具，空间气氛十分具有现代感。

070 》》 简洁的装饰手法

电视背景墙并没有任何的装饰，只靠疏密相间的铺贴手法和中花白大理石本身的纹理起到装饰作用，显得十分的简洁。

068

069

071 》繁简相宜，大小相对

电视背景墙整面都以紫檀木饰面板拼贴，只在外围极小的面积铺贴了花纹壁纸，一简一繁、一大一小，形成对比美。

072 》大气的装饰造型

卧室背景墙用皮革软包做了大块面的装饰，在外围又使用了小块的马赛克，一大一小衬托出整个墙面大气的装饰造型。

073 》金碧辉煌的奢华

本案所用的壁纸带有金色的高光花纹，在灯光的映照下熠熠生辉，空间给人一种金碧辉煌的奢华感。

074

074 ▶▶ 简洁的繁华
空间虽然整体造型很简洁，但使用的仿古砖和壁纸花纹都十分丰富，银镜的花纹，同样有繁花似锦的装饰效果。

075 ▶▶ 绿叶衬红花
作为一个以餐桌为中心的就餐空间，空间的墙面装饰极尽简洁，只用壁纸铺贴，以突出就餐区的实用性。

076 ▶▶ 自然朴素的情调
沙发背景墙用了亚麻材质的壁纸，与地面的地毯搭配，使自然朴素的情调在空间中流淌。

077 ▶▶ 矩形的多变运用
电视背景墙的造型运用了矩形的元素，但通过不同的材质实现了凹凸、虚实的对比。

075

078 >>> 一帘幽梦

偌大的卧室空间，分隔成两部分。以水晶珠帘来间隔，区分出功能空间的同时也让空间不过于空旷。

079 >>> 宁静的感官体验

房间地面铺地毯，与电视背景墙和床铺背景墙的布艺软包搭配，给人一种宁静自然的感官体验。

080 >>> 亮点无处不在

空间造型做得十分丰富，所用的材质纹理也很复杂，使得整个空间构图就十分饱满，随处都有亮点可供欣赏。

081 >>> 稳重和宁静的深色空间

地面用了颜色较深的紫檀木金刚板，电视背景墙和柜子的材质颜色也较深，所以整个空间感觉就比较稳重和宁静。

078

079

080

081

❶ 水晶珠帘　❷ 布艺软包　❸ 银镜　❹ 紫檀木金刚板　❺ 花纹壁纸　❻ 绒面软包　❼ 仿古砖

082

083

084

082 》 轻装饰胜过重装饰

　　沙发背景墙只挂了一幅装饰画，但整面的落地窗使窗外的风景尽收眼底，可谓是轻装饰胜过重装饰。

083 》 柔软舒适的奢华

　　卧室背景墙用了大面积的绒面软包，给人柔软舒适感觉的同时，搭配家具使空间极具欧式奢华气息。

084 》 宽敞大方

　　床铺背景墙的仿古砖与电视背景墙的皮革软包颜色一致，其构成的外形也是矩形的阵列，让卧室显得宽敞大方。

085 ❯❯ 让人陶醉的细腻和精致
皮革软包、拼花金刚板、带花纹的高光壁纸，一切都是那么的细腻和精致，让人怎能不陶醉其中。

086 ❯❯ 甜美的巧克力梦乡
卧室背景墙用布艺做巧克力状的软包，空间整体的用色也与之相近，仿佛空气中都可以闻到甜美的巧克力香气。

087 ❯❯ 朴素大气的古罗马意境
电视背景墙两侧仿照古罗马柱式做造型，中间饰以简单的几何形线条，二者搭配出朴素大气的古罗马意境。

088

089

088 ≫ 呼应产生协调

电视背景墙和床铺背景墙以相同的材质做了相同的造型，
两个主要墙面的呼应使整个空间的协调感提升。

089 ≫ 朴素宁静的体验

空间墙面均以浅褐色肌理壁纸铺贴，简单的材质加上素雅
的色彩，给以空间朴素宁静的视觉体验。

090 ≫ 独有的大气和高贵

空间墙面除了柜子和门窗位置，其余均以壁纸贴饰，虽十
分简洁，却有一种独有的大气和高贵。

091 ≫ 小草在静静地生长

空间整体用色较深，整个空间氛围显得宁静；地面纯白的
簇绒地毯宛如小草一样在这种宁静的氛围中生长。

090

091

092 ≫ **装饰的协调美**

电视背景墙和沙发背景墙上都用到了银镜，但是银镜的面积和形式不同，材质的呼应和变化实现了装饰的协调美。

093 ≫ **色彩深浅与空间属性的搭配**

书房和卧室并存的空间，卧室用色较为淡雅，可以使人轻松，书房用色就较为厚重，适合静心思考。

094 ≫ **对自然的模仿**

吊顶的顶面贴饰了银镜，银镜上是细密的卷草图案，室内的物象透过图案倒影，给人身处藤架下的感觉。

095 ≫ **精雕细刻的奢华意味**

吊顶和墙面都采用了凹凸的装饰造型，花纹也比较复杂，整个空间有一种精雕细刻的奢华意味。

❶ 银镜　　❷ 黑胡桃木金刚板　　❸ 印花银镜　　❹ 浮雕砂岩　　❺ 文化石　　❻ 泰柚木饰面板　　❼ 中花白大理石

096

097

096 ≫ 人文空间

一面简单的文化墙设计，搭配中式花格和其他装饰挂画，提升了空间的文化品位和内在涵养。

097 ≫ 简洁中主次分明

在这样一个简洁的空间中，沙发背景墙整面刷白，以突出电视背景墙的重点装饰，简洁却能做到主次分明。

098 ≫ 石材表现出的厚重与奢华

电视背景墙大面积用大理石拼贴，并通过两种石材的颜色相互衬托，把石材的厚重感和奢华感表现得淋漓尽致。

099

100

101

099 ▶▶ 大气豪放的氛围

空间墙面几乎没有任何装饰，整体刷白，但正是这种手法与家具搭配，营造出大气豪放的空间氛围。

100 ▶▶ 高雅的小资情调

沙发背景墙用红褐色的铁刀木饰面板作出巧克力形状的装饰，使空间充满了一种高雅的小资情调。

101 ▶▶ 酒店大堂级别的奢华

仿柯林斯的柱式、巨大的吊灯、精美的玄关装饰，宛如酒店大堂般的门厅彰显着主人的奢华品位。

102 ▶▶ 似真似假的镜面空间

电视背景墙用大块的银镜作装饰，上面贴饰卷草纹，客厅的景象在镜中反射，产生镂空的效果。

102

① 沙比利金刚板　② 铁刀木饰面板　③ 爵士白大理石　④ 印花银镜　⑤ 黑镜　⑥ 浮雕石膏板　⑦ 仿古砖

103

103 ≫ 黑镜演绎的神秘

沙发背景墙用了大面积的黑镜，两侧在镜面上还压了深色的实木花格，营造出深邃稳重中带一丝神秘的氛围。

104 ≫ 金碧辉煌的奢华

吊顶做了菱形的凹凸装饰，并刷上金色的亚光墙漆，在灯光的映照下显得金碧辉煌，为奢华的空间增光添彩。

105 ≫ 油然而生的自然意境

客厅地面用红榆木金刚板，搭配墙面简洁的装饰和曲线的花纹，使得空间的自然意境油然而生。

04

105

106

107

106 》 奢华档次的提升
电视背景墙精心的装饰搭配陈列架上精致的陈设品，卧室的奢华档次得到了一个质的提升。

107 》 在雍容华贵中沉醉
卧室背景墙用皮革材质做软包，搭配奢华的家具，让人沉醉在一片雍容华贵中。

108 》 自然的宁静气息
电视背景墙和床铺背景墙都用了花纹壁纸，搭配像小草一样的簇绒地毯，整个空间一片自然的宁静气息。

109 》 浓郁的自然风味
地面用黑檀木金刚板铺贴，加上一块仿制的毛皮地毯，自然的纹理、随意的造型，卧室充满了浓郁自然的气息。

108

109

① 红樱桃木饰面板　② 皮革软包　③ 沙比利饰面板　④ 花纹壁纸　⑤ 绒面软包　⑥ 马赛克　⑦ 木纹大理石

110 ≫ 私家影院的视听效果

作为一个多媒体室，贴合空间的属性，整体的装饰较为简洁，墙面用可增加漫反射的绒面软包，提升视听效果。

111 ≫ 相映成趣的对比

沙发背景墙中间用细密的马赛克做拼花装饰，外围则用整块的茶镜，两种材质相互对比，衬托出各自的美感。

112 ≫ 皮革上的欧式奢华

电视背景墙用了大面积的皮革软包，加上纽钉作出凹凸造型，与家具的风格相统一，共同营造出室内的欧式奢华。

110

111

7

113

114

115

113 》 镜中的神秘空间
沙发背景墙两侧用灰镜拼贴，电视背景墙用雕花黑镜装饰，景象在镜中若有若无地映射，空间蒙上了一层神秘的面纱。

114 》 平和舒缓的自然感觉
带有木材纹理的红榆木金刚板给人自然舒适的感觉，搭配墙上的花纹壁纸，空间充满平和舒缓的自然感觉。

115 》 三部曲
米白色的玻化砖、原木色的电视背景墙以及过道的深咖啡色的色彩相互呼应，组成了一组别致动人的三部曲。

116 》 真假难辨的装饰窗
沙发背景墙中部用银镜装饰，上压仿窗花的木雕，组合出窗户的效果，与两侧的实体窗户相搭配，共同起到装饰作用。

116

117

118

119

117 》 流光溢彩的奢华
空间用了大量的高光质感材质，加上复杂的灯光组合设计，整个空间一片流光溢彩的奢华景象。

118 》 开放的空间
天花吊顶运用藻井式的造型，以矩形巧妙地勾勒出就餐区域。

119 》 无间融合
敞开式的厨房，以黑桃木饰面板为统一面板，与空间的其他部位相协调，成为一个整体。

120

121

122

120 》 金色年华
欧式古典花纹壁纸将墙体连成一个整体，在筒灯的照射下透着华丽的金色，彰显出别样情怀。

121 》 巧克力甜品
黑胡桃木饰面板整齐划一地贴饰整个沙发背景墙，凹凸有致的设计夺人眼球，而方形的造型不禁让人忆起孩童时的巧克力甜品。

122 》 简约的欧式风
菱形车边银镜拼贴整个沙发背景墙，与竖向凹凸纹的大理石电视背景墙，共同组合一个简约的欧式客厅。

❶ 皮革软包　 ❷ 黑胡桃木饰面板　 ❸ 车边银镜　 ❹ 壁纸　 ❺ 拓缝石膏板　 ❻ 沙比利饰面板　 ❼ 米黄大理石

123 ≫ 甜美自然的氛围

紫罗兰色的壁纸和淡紫色的衣柜门，搭配灵动的植物造型灯具，整个空间一片甜美和自然的氛围。

124 ≫ 紫色悦动

在白色的空间内，沙发背景墙大面积的壁纸满贴并不显得突兀，反而与拓缝石膏板电视背景墙，打造低调的奢华。

125 ≫ 怡然轻松

卧室电视背景墙采用竖向条纹壁纸，在整体空间中传递一种悠然轻松的气氛，弱化了空间的沉重感。

126 ≫ 呼应而又富于变化的装饰

电视背景墙和沙发背景墙都是深红色的颜色，但在形态和材质上进行变化，整个空间的装饰互相呼应而又富于变化。

123

124

125

127 >> 简单而富有设计感
沙发背景墙仿照砖墙砌筑的形式并加以变化后设计的布艺软包,简单而富有设计感。

128 >> 简洁明快
无论是硬装还是软装都是以线条来打造一个简洁明快的空间,色彩方面用同色系表现出稳重感。

129 >> 不变中寻求变化
沙发背景墙用黑色皮革软包分割为单位矩形,在不变中寻求变化,使整个空间不显轻浮。

130 >> 中式韵味
电视背景墙内以壁纸铺贴,外围使用茶镜围合,以中式传统花纹将两者融为一体,营造出中式韵味。

1 布艺软包　 **2** 木纹大理石　 **3** 木纹仿古砖　 **4** 中式花格　 **5** 米黄大理石　 **6** 黑镜　 **7** 黑胡桃木线条

131

131 》 线条拉升了空间

电视背景墙用横向凹凸线条拉升了空间，从视
觉上拉开了空间的纵深感，给人更加宽阔的视
觉效果。

132 》 装饰与家具的协调

电视背景墙用装饰木线条做框架，中间嵌黑镜
作装饰，与电视机的形态不谋而合，构成空间
的协调美。

133 》 竖向伸展空间

以深咖啡色的色调来营造出投影仪所需环境，
墙面使用竖向黑胡桃木线条装饰，与吊顶纹理
呼应，别致简约。

132

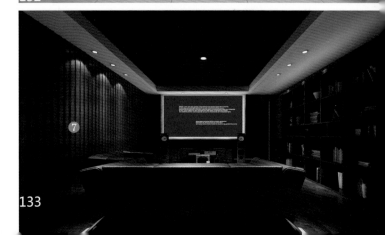

133

134

135

134 》 深木色演绎雅致生活
卧室多以大块面的装饰为主，泰柚木金刚板与墙面的
材质融为一体，整体大气简洁。

135 》 浓郁的欧式风情
米白色的皮革软包、繁华的花纹壁纸与典型的欧式家
具，无处不诉说着欧式风格的典雅与庄重。

136 》 平行世界
吊顶上蜂窝状的石膏板，别具一格的造型十分抢眼，
充满了现代时尚感。

137 》 自然美
电视背景墙大面积铺贴水曲柳饰面板，配上几朵莲蓬
作为装饰，流露出自然美感。

136

137

① 黑胡桃木金刚板　② 皮革软包　③ 石膏板　④ 水曲柳饰面板　⑤ 艺术玻璃　⑥ 灰镜　⑦ 浅咖网纹大理石

138

139

138 》》 整体又不缺独立

通过天花吊顶的矩形将空间分为了卧室和书房，用电视柜作隔断，使两者互不干扰又融为一体，浑然天成。

139 》》 画龙点睛

黑胡桃木饰面板拼贴的电视背景墙，以银色马赛克围合，打破其单一的装饰性，成为点睛之笔。

140 》》 现代与古典结合

以茶镜围合浅咖网纹大理石作为电视背景墙，舍弃了传统欧式的繁琐元素，以自然的面貌诠释着现代与古典欧式的故事。

141

141 》》古典文化与现代元素的融合
整个空间的墙面都采用拉槽米黄大理石来装饰，而地板与天花的几何形体又具有几分现代意味，古典文化与现代元素充分融合。

142 》》大气简约
餐厅的地面铺装与客厅连成一片，大气而又简洁。黑晶玻璃的墙面也使得狭长的空间宽阔起来。

143 》》变化空间
吊顶与卧室背景墙同样是采用菱形格子的造型，但是拼贴方式有所不同，呈现出一个整体性很强却富有变化的空间。

144 》》跳跃的音符
沙发背景墙，仿佛一串音符跃然纸上，而泰柚木饰面板的深色又像是低沉的吟唱，轻吟着业主非凡的品位。

142

143

144

① 米黄大理石　② 黑晶玻璃　③ 花纹壁纸　④ 黑胡桃木饰面板　⑤ 实木花格　⑥ 布艺软包　⑦ 皮革软包

145

145 ≫ 恰如其分
电视背景墙造型独特，大面积的实木花格贴饰，与周边的米黄大理石，打造出大气又不失细腻的空间。

146 ≫ 自然芬芳的气息
电视背景墙上的壁纸犹如鲜花盛开的花园，与蜂窝状的石膏板吊顶，一同诉说着自然的芬芳。

146

147 ≫ 洁白的奢华
大面积白色皮革软包的卧室背景墙与奢华的卧床融为一体，两侧的菱形车边银镜无形中拓宽空间。

148

149

148 » 恰到好处，浑然天成
电视背景墙造型独特，黄色玻化砖为主体材质，恰到好处
地留出了电视柜的位置，以黑镜框边，散发出深沉的意味。

149 » 浑然天成的空间
爵士白大理石以天然的纹理点亮了电视背景墙，内框中则
是绒面软包拼贴，两种不同的表达方式通过矩形的形态巧
妙地结合在一起。

150 » 沉着冷静
大面积的中花白大理石，几乎铺满了整个空间，在休闲娱
乐室内，给人带来绝对的沉着心态。

151 » 沉香
深棕色与浅黄色的大面积使用，散发出古典中式的韵味；
卧室背景墙上的一幅水墨画，道明了本案的灵魂所在。

150

151

①米黄大理石　②绒面软包　③中花白大理石　④有色面漆　⑤黑色仿古砖　⑥爵士白大理石　⑦拉槽仿古砖

152 ≫ **银色幻想**

电视背景墙的马赛克、沙发背景墙的壁纸、地面铺贴的玻化砖等，以银色贯穿在空间的各个角落，在灯光的照射下熠熠生辉。

153 ≫ **现代奢华进行式**

爵士白大理石贴饰的电视背景墙，配上几条纵向实木线条，现代奢华的气息立马呈现出来。

154 ≫ **奢华中的大气稳重**

在米白色的色调中，沙发、电视背景墙与壁纸的浅咖啡色，沉淀出奢华中的大气稳重。

155

155 》》 灰色小调
电视背景墙没有过多的造型，以简单的灰色壁纸铺贴，看似无意实则有意地留出一个凹槽作为装饰柜，细节精彩。

156 》》 巧妙的设计
一整面墙的储物柜虽然实用却显得笨重，设计师巧妙地在下方开出一横槽，配上灯带的映射，使其显得轻盈。

157 》》 独具匠心
利用地面玻化砖的铺贴和天花吊顶的造型进行区域划分，明确了空间功能，独具匠心。

158 》》 菱形的优雅空间
地面利用不同颜色的玻化砖制造视觉效果，45度的斜拼也与天花菱形的造型相呼应，呈现出一个优雅的室内空间氛围。

156

157

158

159

160

161

159 》 古城新说

皮革软包有序地拼贴在沙发背景墙上，像极了城墙在默然低语，给整个空间带来了古老的文化气息。

160 》 洁净空间

整个空间力求在不变中寻求变化、统一，纯白的沙发背景墙用凹凸竖向线条来打破单一颜色的单调感，在灯光的照耀下，收获了意外的效果。

161 》 通透灵性

运用马赛克拼贴出花纹图案形成了电视背景墙主体装饰部分，通透的两端使得空间更具灵性。

162

163

162 » 紫色悦动
在白色的空间内，沙发背景墙大面积的紫色花纹壁纸并不显得十分突兀，反而给这个空间带来几丝神秘感。

163 » 外方内圆
浅啡网纹大理石的边框，中间使用大理石拼合成圆形的图案，表现出刚柔并济的格调。

164 » 大气而又温馨浪漫
绒面软包与窗帘的咖啡色搭配复古花纹壁纸的米白色，共同打造出一个大气而又温馨浪漫的卧室空间。

165 » 天山雪池
浴缸的造型使人眼前一亮，圆弧的形态层层递进，以银色马赛克和中花白大理石装饰，平添了几分天山雪池的意味。

164

165

❶ 花纹壁纸　　❷ 茶镜　　❸ 绒面软包　　❹ 中花白大理石　　❺ 皮革软包　　❻ 花纹壁纸　　❼ 米白色大理石

166 》》 似有若无的墙

以沙发隔断过道和客厅，水晶珠帘似有若无地点缀其上，空间显得开阔。

167 》》 现代时尚

床铺背景墙运用软包柔化硬朗的线条，周边以茶镜修饰，增强了趣味性。

168 》》 黑白灰的经典

电视背景墙以米白色大理石铺贴，一侧使用印花灰镜饰面，黑白灰的经典搭配营造出空间的现代感。

166

167

169 ➤➤ 流动空间
白色大理石45度斜拼形成了电视背景墙的半隔断墙结构，打造了一个极富流动性的开敞空间。

170 ➤➤ 俏皮精灵
浮雕装饰板上的花纹犹如一个个小精灵般俏皮地在电视背景墙上打闹，空间洋溢着生动活泼的气氛。

171 ➤➤ 金碧辉煌
金色马赛克拼贴而成的电视背景墙在筒灯的照射下熠熠生辉，两端的欧式壁柱流露出经典欧式的大气之感。

172 ➤➤ 涟漪
斜向拼贴的白胡桃木饰面板在卧室背景墙上激起了层层涟漪，彰显出一种低调的现代感。

173

173 ≫ 规整有序

餐厅背景墙以整面的黑白压花透光板作为装饰，与就餐区域地面的大理石拼花图案遥相呼应，营造出规整有序的就餐氛围。

174 ≫ 出其不意的奢华

电视背景墙利用两种不同纹理的大理石与实木花格搭配，得到了出其不意的奢华效果。

175 ≫ 孤独的享受

该空间属于顶层的空间，倾斜的顶面开了一扇透光的窗，给暖黄色花纹壁纸的空间增添了光亮。

176 》 奶油咖啡

咖啡色玻化砖拼贴的电视背景墙，形成了规整的纹理，仿佛一杯奶油咖啡的拉花图案，醇香的气息扑面而来。

177 》 粉色浪漫

紫色的卧室背景墙与粉色的欧式床屏搭配，具有丝丝神秘气息的同时又蕴含着少女般的浪漫情怀。

178 》 繁简有度

本案多采用直线与矩形等几何形态，并没有冗余的装饰，最复杂的莫过于天花的浮雕石膏板，但并不突兀，整体简洁大气。

179 》 镜像空间

卧室背景墙两边使用茶镜拼贴出立体的感觉，无形中延展了空间的深度。

❶肌理壁纸　 ❷实木花格　 ❸浮雕石膏板　 ❹皮革　 ❺钢化玻璃　 ❻沙比利饰面板　 ❼水曲柳饰面板

180 ≫ 复古花纹的精致

　　壁纸与雕花木格继承了欧式传统的植物花纹图案，在灯光的照耀下，细腻而精致。

181 ≫ 旧上海

　　怀着对一个旧上海时代的眷念，编织成了本案特有墙裙与色彩搭配。

182 ≫ 现代奢华风

　　无论是空间内简约的直线，还是简洁的灯具与家具，都呈现着简约的现代奢华风。

180

181

183 >> 错落有致的布局

错落有致的布局，融合了实用性和建筑美学；棕色与乳白色的搭配，体现了大气和沉静的气质。

184 >> 温馨柔软的气息

无论是电视背景墙上的壁纸还是卧室背景墙上的茶镜，都给人硬朗的感觉，而布艺软包的应用缓和了这种气氛，带来了温馨柔软的气息。

185 >> 淡雅的自然小调

浅色的空间总是带给人淡雅的感觉，而榆木金刚板所特有的木纹又带来了丝丝自然的气息。

186 >> 精致细腻的中式奢华

一缕轻烟般的银色马赛克散在电视背景墙的外框上，点亮了原本稍显木讷的背景墙，营造出一种精致细腻的奢华感。

187

187 ≫ 大家之气
　　中国古典式样的实木花格加上现代的银镜，
　　二者完美地融合，勾勒出大家之气。

188 ≫ 自然氛围
　　泰柚木饰面板与木纹大理石的大量运用，空
　　间像是被包裹在一种自然的氛围里。

189 ≫ 浓郁的欧式风情
　　欧式家具的优美弧线和大理石的拼花图案，
　　浓郁的欧式风情表现得淋漓尽致。

188

189

190

190 》 指点江山
在深思熟虑后，操控着地面的大小矩形的棋子，业主坐镇家中却拥有了指点江山的豪气之感。

191 》 深色调调剂空间
米黄大理石拼贴整个电视背景墙，一侧又以红樱桃木线条拼贴，给整个空间添加了一个深色调，显得更为稳重。

192 》 雅致简欧风
客厅大量使用了黄色系的色调，贴合欧式风格的发挥，同时彰显主人的品位。

191

192

❶木纹大理石　 ❷红樱桃木线条　 ❸深啡网纹大理石　 ❹茶镜　 ❺米黄大理石　 ❻花纹壁纸　 ❼绒面软包

193 ≫ 个性十足的线条

茶镜贴饰就餐区域的天花吊顶，看似凌乱的线条赋予了空间十足的个性。

194 ≫ 新颖的欧式风格

沙发背景墙用米黄大理石贴饰，奠定了整体空间的主要色调，构成新颖的欧式风格。

195 ≫ 框

以茶镜作为外框，框住了肆意增长的沙发背景墙上壁纸的花纹，而镜面的处理给人带来了视觉的延伸感。

196 ≫ 别样的空间

运用深啡网纹大理石条整齐排列贴饰电视背景墙，大理石别样的自然纹理为空间增色不少。

197 ≫ 浓妆淡抹总相宜

电视背景墙以黑胡桃木饰面板包框，黄色壁纸饰面，形成了一个个方框，没有过多的装饰，却十分协调。

198 ≫ 若有若无

客厅与卧室之间的隔断下半部分用储物柜相隔，上半部分以线帘若有若无地遮挡着视线，这样的处理手法使空间显得更为宽阔。

199 ≫ 素雅的空间

白色的软包铺贴整个电视背景墙，与整体的空间色调相呼应，打造出一个素雅的空间。

200 ≫ 纵横之间

横向的线条在卧室背景墙上延伸着，而纵向的线条在电视背景墙上张弛着，在纵横间呈现出别具一格的大气之感。

201

201 ❱❱ 银装素裹

空间以银箔壁纸贯穿在了墙面、床屏和床头柜上，营造出一片银装素裹的世界。

202 ❱❱ 墨香

黑色印花艺术玻璃的图案挥洒在了电视背景墙上，犹如墨水在宣纸中一点点晕染开来，流淌出阵阵墨香。

203 ❱❱ 金色光芒

沙发背景墙并没有过多的装饰，仅仅使用金色花纹壁纸和两幅画装饰，在灯光的配合下却显得如此动人。

203

204

204 ▶▶ 沉稳中的金碧辉煌
黑色的玄关柜与金色花纹壁纸的墙壁，在沉稳中带来金碧辉煌的享受。

205 ▶▶ 浓郁的大自然气息
大面积的墙面使用了泰柚木饰面板，而在电视背景墙上使用了白色大理石，两种天然纹理完美地契合在一起，洋溢着浓郁的大自然气息。

206 ▶▶ 星光璀璨
本案合理地利用了淡黄色壁纸的反光花纹和灯带的照射，营造出一个星光璀璨的夺目空间。

207 ▶▶ 庄重与淡雅
大面积的黑胡桃木饰面板贴饰墙面显得庄重有序；而花纹壁纸俏皮地贴上了电视背景墙，平添了几分淡雅之气。

205

206

207

① 米黄色玻化砖　② 泰柚木金刚板　③ 花纹壁纸　④ 黑胡桃木饰面板　⑤ 红樱桃木饰面板　⑥ 布艺软包　⑦ 仿古砖

208

209

208 ≫ 斜纹时尚

电视背景墙以斜线来切割，加上红樱桃木饰面板的斜线木纹，空间充满了现代时尚的气息。

209 ≫ 床屏的幻想

卧室背景墙用布艺软包作装饰，并分割成了三个板块，凹凸感与灯光突出了中间床屏的精致。

210 ≫ 独特且古典的不规则

不规则的室内结构通过设计师巧妙的处理，并没有给空间使用带来不便，加上对色彩的掌控，打造出一个独特且古典的空间。

211 ▶▶ 刚柔格调
皮革软包装饰在电视背景墙和卧室背景墙上，花纹壁纸在两旁起到陪衬的作用，两者搭配，一刚一柔，尽显空间格调。

212 ▶▶ 简约的大气之感
空间没有多彩的颜色，也没有繁琐的软装饰，只是通过壁纸精细的花纹，呈现出欧式的大气之感。

213 ▶▶ 深浅色调协调
米黄大理石横向拼贴电视背景墙，与红檀木饰面板的沙发背景墙的颜色形成对比，一深一浅，空间协调统一。

214 ▶▶ 精致的大空间
木纹大理石贴饰墙面，复式的空间显得更为整体，呈现出一个宽敞大气又精致的空间。

主要装饰材料

 ① 皮革软包
 ② 花纹壁纸
 ③ 红檀木饰面板
 ④ 木纹大理石
 ⑤ 车边银镜
 ⑥ 泰柚木金刚板
 ⑦ 布艺软包

215

215 》 银镜增大空间感

电视背景墙中间以爵士白大理石饰面，两侧拼贴银镜，在起到装饰作用的同时，也增大了空间感。

216 》 融合空间

卧室背景墙上的布艺软包通过铆钉形成菱形的凹凸构造，与电视背景墙菱形花纹相互辉映，构成一个融合的空间。

217 》 大方简洁与细腻高雅

同样的布艺软包以不同的形式拼贴墙面，电视背景墙大方简洁，沙发背景墙细腻高雅。

216

217

218

219

218 ≫ 现代的奢华
开放式的起居室以浅啡网纹大理石、茶镜等装饰，追寻一种现代的奢华大气感。

219 ≫ 翩翩起舞的蝴蝶
天花吊顶以花瓣造型的透光板装饰，内置光源，使得空间更加活跃。

220 ≫ 灰的简约
电视背景墙仅仅以大面积的灰色壁纸铺贴，在几盏筒灯的光线照射下，不失极简主义的韵味。

221 ≫ 黑色镜像
黑镜以线条的方式重复地出现在空间内，增添了时尚感的同时，书房也因黑色调而沉稳起来。

220

221

① 茶镜

② 中花白大理石

③ 布艺软包

④ 黑镜

⑤ 泰柚木金刚板

⑥ 灰镜

⑦ 实木花格

222 ➤➤ 分层的色彩

本案的层高较高，设计师采用色彩分层的方法从视觉上降低了人的视线，减少了因层高问题带来的不舒适感。

222 ➤➤ 生动的方格

一个个凹凸有致的小方格簇拥在卧室背景墙上，镶嵌的灰镜点亮了整面墙，使空间更显生动。

224 ➤➤ 白色的视觉盛宴

白色的地面、白色的电视背景墙与通透的落地窗等元素的组成，带来了一场白色的视觉盛宴。

222

223

225 ▶▶ 镜中花
印花玻璃在本案中得到了大量的使用，沙发背景墙
与电视背景墙一黑一白相映成趣。

226 ▶▶ 大家之气
空间内的四个面均采用矩形进行装饰，硬朗的材质
运用，阳刚的直线装饰，大家之气的效果不言而
喻。

227 ▶▶ 错综的时尚
咖啡色壁纸饰面，再利用银镜条将电视背景墙分割
成矩形错综排列，充满了现代时尚感。

228 ▶▶ 众星拱月
天花吊顶使用黄金分割法雕琢出大小一致的矩形，
在灯光下，抬头仰望，仿佛众星拱月般耀眼。

226

227

228

① 印花玻璃　② 深啡网纹大理石　③ 咖啡色壁纸　④ 仿古砖　⑤ 玫瑰木金刚板　⑥ 红檀木饰面板　⑦ 皮革软包

229

230

231

229 》 出其不意的现代感

在咖啡色的大环境中，一块奶白色皮革软包装饰其中，再以矩形分割，表现了出其不意的现代感。

230 》 阳刚之气

无论是沙发背景墙还是电视背景墙，亦或是地面与天花，都可以见到矩形的身影，正是这些矩形赋予了空间阳刚之气。

231 》 跃动的黑色

卧室背景墙用大面积的皮革软包进行饰面，中间的银镜打破了黑色的沉寂，给空间带来了一丝跃动。

232

3

232 》》独树一帜
在奢华大气的金色笼罩下，沙发背景墙独树一帜地使用了深灰色的软包，给浮华的空间带来一丝沉稳。

233 》》美人鱼的梦
鱼鳞状的天花板形成了本案一道独特的风景线，这样的场景让人感觉沉睡在海绵般的云海里。

234 》》活泼的个性
卫生间整体使用木纹大理石饰面，在洗手池的顶部使用跳跃性的橙色，赋予了空间活泼的个性。

235 》》耀眼的光亮
本案并没有使用主光源，然而材质上选择反光的银色壁纸，空间处处都有了耀眼的光亮。

233

234

235

主要装饰材料

❶ 皮革软包　❷ 石膏板　❸ 木纹大理石　❹ 绒面软包　❺ 白色木线条　❻ 壁纸　❼ 爵士白大理石

236

236 》 规矩中不失一丝活跃

绒面软包装饰的电视背景墙两侧以白色木
线条贴饰茶镜，造型规矩中不失一丝活
跃。

237 》 简与繁的对话

与卧室背景墙的丰富材质不同，电视背景
墙用淡雅的色彩，演绎空间的简繁有度。

238 》 舒心的休闲

吧台以爵士白大理石和镜面马赛克饰面，
与两把略带古典气息的高椅，共同营造出
了一个舒心的小区域。

237

239

239 ▶▶ 材质演绎的精致感受

爵士白大理石铺贴的电视背景墙,外框由一圈黑白花纹玻璃组成,仿佛精致而细腻的陶瓷制品。

240 ▶▶ 雍容华贵

米黄大理石贴饰的欧式立柱与欧式金色沙发组合,彰显出欧式的雍容华贵。

241 ▶▶ 刚柔并济

卧室背景墙以白色皮革软包来柔和与木板的硬朗,大小不一的两种矩形整齐排列,简约中流露出大气感。

242 ▶▶ 柔美帷幕

沙发背景墙两侧使用白色雕花板装饰,中间使用大面积的布帘帷幕装饰,给空间带来柔美之感。

240

241

242

主要装饰材料

 ❶爵士白大理石
 ❷米黄大理石
 ❸皮革软包
 ❹白色雕花板
 ❺玫瑰木金刚板
 ❻壁纸
 ❼红樱桃木金刚板

243

243 ▶ 咖啡暗香
深咖啡色的软包、花纹壁纸与深木色的地板，整个空间笼罩在了咖啡色系之中，散发出醇厚香浓的咖啡暗香。

244 ▶ 简约大气
以黑框围合淡雅的黄色作为空间内主要装饰形态，既简洁明了，又不乏简约风格的大气。

245 ▶ 古典欧式的典雅
本案没有多余的装饰，米黄色壁纸饰面，加一幅精美的装饰画，就构成了古典欧式的典雅。

图书在版编目（CIP）数据

家装潮流．欧式雅致家 / 叶斌编著．—福州：福建科学
技术出版社，2013.3
ISBN 978-7-5335-4216-0

Ⅰ．①家… Ⅱ．①叶… Ⅲ．①住宅－室内装修－建筑
设计－图集 Ⅳ．① TU767－64

中国版本图书馆 CIP 数据核字（2013）第 004737 号

书　　名　**家装潮流　欧式雅致家**
编　　著　叶斌
出版发行　**海峡出版发行集团**
　　　　　福建科学技术出版社
社　　址　福州市东水路 76 号（邮编 350001）
网　　址　www.fjstp.com
经　　销　福建新华发行（集团）有限责任公司
印　　刷　福建彩色印刷有限公司
开　　本　889 毫米 × 1194 毫米　1/16
印　　张　4.5
图　　文　72 码
版　　次　2013 年 3 月第 1 版
印　　次　2013 年 3 月第 1 次印刷
书　　号　ISBN 978-7-5335-4216-0
定　　价　26.80 元
　　　　　书中如有印装质量问题，可直接向本社调换